ÉLECTRICITÉ

NATURELLE

ou

MESMÉRISME,

MIS EN PRATIQUE

A L'USAGE DES FAMILLES,

par

J.-D. PRETREAUX.

Professeur d'Électricité Naturelle, élève en Chimie du célèbre Chaptal, reçu à la Faculté de Médecine de Paris et de Saint-Pétersbourg, Membre honoraire de la Société Stastistique Universelle, auteur de plusieurs ouvrages en Médecine, ayant pratiqué nombre d'années dans différens Hôpitaux.

Prix : 1 Fr.

En vente chez Auguste GIARD, Libraire, Grand'Place, 65, à Cambrai.

1849

PAR CETTE MÉTHODE D'ÉLECTRICITÉ,

chaque personne pourra traiter avec succès ses parens, ses amis, et opérer des cures qui auront résisté à tout autre traitement, on pourra aussi traiter les animaux, tels que chevaux, bœufs, moutons, etc., même les arbres fruitiers, dont les fruits grossiront d'une manière surprenante.

Cambrai. — Imp, de FÉNÉLON DELIGNE et ED. LESNE.

AVANT-PROPOS.

L'électricité naturelle qu'on nommait avant Magnétisme, et maintenant Mesmerisme, à cause de sa découverte par Mesmer, savant médecin d'Allemagne et physicien profond.

Cet homme célèbre s'étant aperçu en traitant les maladies nerveuses, par le fer aimanté, que la main seule promenée avec intention sur les parties douloureuses, produisait non-seulement plus d'effet, mais guérissait comme par enchantement. Il fit beaucoup d'expériences : électrisa avec la main des métaux, des végétaux, des arbres, il plaça plusieurs malades dessous et opéra des cures. Étonné lui-même d'une si belle découverte, il en fit part à ses confrères, à des savants; même à la cour de Vienne. Loin de trouver des personnes disposées à le seconder, il ne rencontra que des ennemis : il se décida à venir en France, et là, il produisit grand effet en guérisant en présence des médecins de l'Académie, mais il ne vit comme à Vienne, que des sourds ou des aveugles : dégoûté de tant d'épreuves, il retourna dans sa patrie, en laissant en France ses procédés, qu'il fit publier, après avoir instruit beaucoup d'élèves, quoique n'étant pas médecins; ils mirent en pratique ses procédés, tel que le charitable Puisegur, qui a opéré pendant quinze années, et publié des cures merveilleuses; ensuite d'autres sont parus, les Deleuze, Ricart, Dupotet et autres, qui ont tous pratiqué publiquement et publié leurs résultats sur les différentes maladies : cette précieuse méthode, malgré tous les obstacles et les dénégations, est parvenue à se répandre, non-seulement en France, en Europe, mais encore dans les autres parties du monde, aujourd'hui ce n'est plus un problême a résoudre, ni un secret. il est donc nécessaire pour le bonheur de l'humanité de la répandre et faire connaître au public, aux personnes peu instruites, aux pères de famille et surtout aux pauvres, qui ne peuvent payer un médecin et des médicaments. Ils trouveront dans cet ouvrage des moyens de guérison qui ne couteront rien et qui auront le grand avantage (ne pouvant toujours réussir dans les maladies incurables), de ne pouvoir jamais faire le moindre mal. Puisse la vérité se répandre partout, et pour le bonheur de tous, malgré les ignorants, les athées, les incroyables et surtout les égoïstes.

———

La vérité est nue, et belle; cachée au fond d'un puits, elle est invisible aux yeux des ignorants : il n'y a que ceux qui en étudiant les arts et les sciences profondément, parviennent à l'apercevoir : les sots et les méchants s'efforcent de la couvrir de leur manteau, mais les savants la montre telle qu'elle est.

———

DIEU ayant créé l'homme bien supérieur à tous les animaux, non-seulement par la perfection de son être et de ses facultés, mais encore par cet esprit, dont l'intelligence et cette perfection parviennent à reconnaître le grand Être qui la créé.

En le faisant, le roi des animaux Dieu lui a encore accordé la faculté de les dompter et d'exercer sur ses semblables une influence salutaire, en pouvant diriger sur eux le principe qui nous anime et nous fait vivre : cette influence qu'on nommait Magnétisme, et qu'on est maintenant convenu de nommer Électricité naturelle, quoiqu'inconnue et insensible à nos sens, n'en agit pas moins d'une manière surprenante sur l'homme, sur les animaux, et même sur les végétaux. Pour faire comprendre aux personnes qui liront cet ouvrage, n'ayant aucune connaissance des effets de cette électricité, il faut savoir que le fluide que nous lançons sur le malade par l'acte de notre volonté, est un fluide semblable à la lumière (qui parcourt 72,000 lieues par seconde), le pénètre par tous les pores, sortant des nôtres, ce fluide est une émanation de nous-mêmes ; laquelle émanation nous a été transmise par Dieu en nous créant, on ne peut le comparer à aucun autre fluide connu, tel que le fluide électrique, lui étant bien supérieur, car il peut être lancé non-seulement à travers les murs les plus épais, mais encore à une très grande distance sur les malades que nous affectons.

La plus grande probabilité pour le comprendre, c'est qu'étant une émanation de la divinité, notre âme jouit de ce grand avantage, pour pouvoir nous être utile, les uns aux autres. Les somnambules jètent une grande lumière sur ce qui vient d'être décrit. Ils jouissent seuls du privilége de voir cette lumière qu'ils décrivent tous sortant des doigts de leur électriseur, leur vue s'étend bien plus loin, car quoique la plupart soient fort peu instruits, ils n'en décrivent pas moins les maladies internes les plus compliquées ; ils ordonnent les moyens de guérison, et ils portent leurs prévisions jusqu'au point de prédire le jour et l'heure des crises. Ceci est plus qu'incroyable aux yeux du vulgaire, quoiqu'étant une grande vérité.

Comment ces phénomènes pourraient-ils avoir lieu, si ce n'était ! par la vue de l'âme, car la matière seule est impuissante pour prédire l'avenir, cette action seule anéanti le matérialisme.

Malgré les effets surprenants qui se passent tous les jours sous les yeux de beaucoup de personnes. malgré les auteurs les plus consciencieux, les plus voués, pour propager cette bienfaisante méthode de guérison, tels que le célèbre Mesmer, le créateur du Mesmerisme, les Puisegur, Delauze, Ricart, Dupotet, et tant d'autres qui ont écrit, quoique cent volumes ne suffiraient pas pour contenir la quantité de cûres qui ont été opérées et qui s'opèrent chaque jour, on sera encore bien long-temps avant d'avoir recours à ce genre de traitement.

L'homme par son ignorance ou sa mauvaise foi, est toujours disposé à ne rien croire, même ce qui se passe sous ses yeux, attribuant tout au hazard ou au charlatanisme ; le proverbe dit qu'il n'y a pas de plus grand sourd, que celui qui ne veut pas entendre, ni de plus grand aveugle, que celui qui ne veut pas voir, mais le malade qui après avoir épuisé sa bourse et toutes sortes de traitements sans avoir pu guérir, souffrant jour et nuit, livré souvent au désespoir : celui-là écoutera avec le plus grand plaisir le récit des cures authentiques qu'on lui citera, et sera facilement disposé à essayer un traitement si simple et si peu dispendieux.

Cependant un bon prêtre ou toute autre personne sensible et charitable, assistant aux souffrances d'un malade, en présence d'une famille éplorée, connaissant la puissance curative du Mesmerisme : comment pourra-t-il rester impassible et résister au plaisir de faire une bonne action, non-seulement soulager le malade, mais souvent le retirer des portes de la mort, non il n'y aura jamais d'action plus agréable à Dieu et aux hommes, il n'y a que les méchants et les égoïstes capables de blâmer une telle action. Il y a déjà plusieurs bons curés de campagnes, qui par humanité emploient ce puissant moyen de guérison : ils réussiront beaucoup mieux que tout autre, pouvant associer des prières ferventes à leur opération. Quoiqu'en dise les incrédules, elle est d'un grand secours pour la guérison. Plut à Dieu qu'elle soit appréciée et pratiquée par tous ; quels services ils pourront rendre dans les campagnes éloignées ou l'absence d'un médecin laisse périr de pauvres habitants qui pourront être sauvés par cet acte de charité.

PROCÉDÉS DU MESMERISME.

Je vais faire connaître les procédés les plus simples mis en usage pour les maladies des différents organes.

Quoiqu'il existe des personnes fortes, nerveuses, ayant bien plus de capacités électriques que ceux d'un tempéramment lymphatique et pouvant obtenir un soulagement même une guérison plus prompte. Cependant tout le monde doit toujours essayer, même les enfants ayant acquis l'âge de sept ans, bien constitués et doués d'une grande volonté de soulager leurs parents. On voit tous les jours ces enfants obtenir des cures qui n'ont pas réussi à de grandes personnes moins dévoués et moins croyants que ces innocentes créatures ; la seule chose qu'on doive leur recommander, c'est la prière.

Les pères et mères peuvent toujours obtenir des cures plus facilement que toute autre personne, par la grande sympathie qui doit exister, et encore par un plus grand désir et une plus grande patience pour obtenir ces résultats.

Les personnes charitables et surtout religieuses réussiront mieux que les indifférentes.

1re Condition. — Il faut être bien convaincu que le fluide qui sort de l'extrémité de vos doigts existe réellement, tel que les somnambules l'affirment; il faut que vous sachiez que par l'acte de votre bienfaisante volonté, ce fluide pénètre partout plus puissant que la lumière, il pénètre jusqu'au os, désobstrue, clarifie, purifie l'organe affecté, sans cette grande croyance point de cure possible.

Si la personne qui électrise une femme ou une fille n'a point une force morale et se passionne en opérant, elle devra cesser de suite, car on ne peut guérir qu'avec des intentions pures et religieuses.

2e CONDITION. — Pour opérer avec succès, il faut une bonne santé, point de distraction, une grande confiance en soi, et surtout une forte volonté d'obtenir la guérison, sans autre intérêt que celui de faire une bonne action : c'est là que réside le succès : on ne doit pas être étonné que les incrédules ne réussissent jamais et nient les effets du Mesmerisme.

3e CONDITION. — Il faut autant que possible être seul avec le malade, on pourra tout au plus permettre un ou deux parents ou amis, car les curieux sont toujours nuisibles, la plupart étant incrédules et disposés à tourner tout ce que vous faites en ridicule.

4e CONDITION. — Il faut être à son aise dans ses mouvements, n'avoir ni trop chaud, ni trop froid.

Première séance. — Faites asseoir le malade le plus commodément possible, placez-vous en face assez près pour vous mettre en rapport, tâchez d'être un peu plus élevé ; en approchant vos genoux des siens, vous prendrez ses deux mains dans les vôtres, en passant vos pouces dans le creux de la main du malade ; recueillez-vous pendant quelques instants en faisant intérieurement une prière à Dieu, pour qu'il bénisse votre opération : vous engagez le malade à prier et même les assistants ; appliquez vos mains sur la douleur ; ayez l'intention de céder au malade une partie du fluide salutaire qui est en vous ; descendez vos mains lentement au-dessous du siége de la maladie : écartez vos mains de son corps en les remontant : tournez-les de manière pour ne pas détruire ce que font les passes descendantes (ceci est très essentiel) : approchez vos mains un peu au-dessus de la douleur, et continuez vos passes en descendant lentement et en courbant un peu les dernières phalanges, les doigts écartés, après les avoir continués quelques temps avec l'intention d'extraire la douleur, faites ensuite les frictions, les mains à plat sur l'endroit douloureux ; dans les affections de poitrine ou de l'estomac, placez une main sur la douleur et l'autre derrière le dos, en les laissant quelques instants : ayez la ferme volonté de guérir le malade, ensuite faites des passes à distance jusqu'au bout des pieds, car si vous les arrêtiez toujours au même endroit, la douleur se déplaçant resterait fixée, et vous n'obtiendriez pas une guérison complète : on pourra dans bien des maladies commencer par des frictions bien appuyées, soit avec une main. soit avec les deux : ces frictions sont très salutaires, surtout lorsqu'on pourra les faire à nu sur l'endroit malade, souvent elles suffisent dans les maladies récentes : les passes à distance ont une grande force, on pourra souvent les employer dans les maladies, telles que les aliénations mentales ; on sera étonné de ses effets, mais avec des fortes intentions : bases d'un traitement énergique.

Si vous êtes appelé près d'un malade alité, placez-vous à côté de lui, en lui prenant une main pour vous mettre en rapport : après vous être recueilli par une prière interne, placez une main sur le front, commencez vos passes lentement : s'il vous désigne le siége de sa maladie, appliquez-y vos mains et faites vos passes :

vous réussirez encore avec beaucoup d'avantage en vous mettant au pied du lit : faites des passes à distance dans l'intention d'attirer la maladie jusqu'aux pieds, et à fin de l'arracher pour ainsi dire du corps du malade : on a vu souvent par ce procédé guérir des maladies dont on n'espérait plus rien : dans les fièvres intermitentes, il est rare qu'on n'obtienne pas de couper la fièvre dans les premières séances : mais si elles sont anciennes, il faudrait continuer, quoiqu'il n'y ait plus d'accès en évitant ce qui a donné lieu.

Voici les différents procédés pour chaque affection : ce sont ceux que l'on a trouvé les plus efficaces.

FOULURES, ENTORSES. — Mettez-vous en rapport, comme il est dit plus haut, faites des passes, d'abord de la tête aux pieds, ensuite sur la foulure, puis des frictions, qu'il faudra ménager selon la douleur : recommencez vos passes à distance pendant au moins une demie-heure : faites ensuite des insufflations froides, c'est-à-dire à petite distance, si la foulure est récente, on sera promptement guéri : il faut autant de séances qu'il y a de jours que la foulure a eu lieu.

CONTUSIONS. — Il faut tenir les mains long-temps sur la partie meurtrie, puis les descendre avec forte volonté d'entraîner la douleur, continuez vos passes une demie-heure, faites des insufflations froides dans les grandes chûtes, pourvu qu'il n'y ait pas fracture : entreprenez hardiment le traitement récent à défaut d'un chirurgien, vous produirez toujours un grand soulagement.

FLUXIONS, INFLAMMATIONS. — Placez vos mains à plat sur la fluction ou l'inflammation : laissez-

les quelques temps : faites des passes à grand courant
pour rétablir la circulation, ensuite mettez les doigts
en pointe, imprimez un mouvement circulaire, faites
des passes lentes, avec l'intention d'enlever la douleur,
la fluction ou l'inflammation.

COURBATURES. — Placéz les mains au-dessus de
la douleur, descendez-les en pressant fortement derrière
le dos, le long des vertèbres dorsales, faites des passes
toujours derrière, ensuite devant et derrière, recommencez en appliquant une main que vous descendrez
depuis la tête jusqu'aux pieds.

TRANSPIRATION SUPPRIMÉE. — Les transpira-
tions supprimées sont communes aux habitants des
campagnes, qui sans cesse exposés au chaud, au froid,
après un travail pénible, se trouvent bien plus souvent
affectés que tout autre personne, après avoir placé la
main sur la tête et vous être recueilli, faites des passes
fortement imprégnées de votre fluide, puis faites des
pressions dans plusieurs endroits du corps, ensuite
insufflations chaudes : recommencez vos passes : comme
ces suppressions causent des douleurs de poitrine,
mettez vos mains sur le siége de la douleur, c'est-à-dire
l'une devant et l'autre derrière la poitrine ; faites des
passes avec l'intention d'attirer la douleur par en bas :
revenez à la poitrine et continuez vos passes : elles
sont d'un puissant secours, prises à temps pour pré-
server de bien des maladies, car sur cent maladies qui
affectent les habitants des campagnes et les conduisent
au tombeau, quatre-vingt en sont les premières causes;
chaque personne pourra porter ces premiers secours,
soit la femme ou l'enfant, il ne faut qu'une grande
confiance au mesmerisme.

MAUX D'YEUX. — Mettez-vous en rapport pendant quelques minutes : appliquez une de vos mains sur l'œil malade, s'ils le sont tous les deux, appliquez les deux : faites des passes de la tête aux pieds, ensuite placez vos doigts en pointe sur l'œil ou sur les deux : approchez vos doigts et en les retirant vivement: ayant l'intention d'attirer la maladie au déhors, faites encore des passes de la tête aux pieds ; et recommencez lorsque vous aurez fini, placez un mouchoir fin sur l'œil et faites des insufflations : elles se pratiquent en appliquant un mouchoir fin sur l'œil, après avoir aspiré on applique la bouche sur l'œil, et on lance son haleine chaudement : ces insufflations ont une grande part dans la cure des maladies par le mesmerisme.

DOULEURS D'OREILLES, BOURDONNEMENTS, SURDITÉ. — Si ces douleurs ou ces bourdonnements résultent d'une congestion sanguine, appliquez la main sur le front ; ensuite grandes passes de la tête aux pieds, répétées long-temps; dans les surdités, appliquez vos mains à plat sur les oreilles, retirez les doigts rassemblés en pointe, lancez votre fluide dans les oreilles avec vitesse en ouvrant les doigts : réserrez-les en les retirant, faites la même chose au moins dix minutes, ensuite faites des passes depuis la tête jusqu'aux pieds, sur les bras ou sur le devant ; à la fin de la séance faites des insufflations chaudes dans chaque oreille en faisant pénétrer votre haleine lentement jusqu'au fond de l'oreille, cette manière d'électriser a guéri beaucoup de sourds très âgés, et même dans les premières séances : mais il faut continuer long-temps crainte d'une rechûte.

HUMEURS FROIDES, VICE SCROFULEUX. —
Cette maladie nommée à juste titre humeurs froides
par la lenteur de la circulation lymphatique, n'est
autre chose qu'un grand épaisissement de la lymphe
causé par un vice qui affaiblit non-seulement les solides, mais encore par cet épaisissement : cette lymphe
ne peut plus circuler dans des vaisseaux, dont la plupart sont aussi fin qu'un cheveu, la circulation s'arrê-
tant aux glandes lymphatiques augmente leur volume
au plus haut degré ; cette tuméfaction produit une inflammation, laquelle inflammation se termine par la
supuration : cette supuration lorsqu'elle n'a lieu que
dans des glandes éloignées, des os, peut séjourner bien
long-temps sans un grand danger, mais lorsqu'elle a
lieu aux articulations, tels que les coudes, les mains,
les genoux ou les pieds ; leur séjour détruit le périaote,
la carie en étant la suite, il n'y a plus d'espoir que l'ex-
traction des os ou l'amputation : mais le vice faisant
toujours des progrès, le malade périt après des années
de souffrances.

Cette maladie est une de celle la plus difficile à
traiter jusqu'à présent, les ressources de l'art médical
sont bien faibles en comparaison des effets du mesmerisme : on peut voir par le récit des cures obtenues par
lui, que c'est encore le plus grand moyen de guérison
pris à temps, en effet ce fluide électrique semblable
à la lumière lancée par la main d'un bon opérateur,
clarifie les fluides en les épurant et fortifie les solides.

TRAITEMENT DES HUMEURS FROIDES. — L'o-
pérateur après s'être recueilli par une prière interne,
et s'être armé d'une forte volonté de guérir, passera

les mains l'unesur le front et l'autre sur l'endroit le plus malade, fera d'abord quelques passes depuis la tête jusqu'aux pieds, ensuite des frictions légères sur le ventre, qui est presque toujours plus ou moins obstrué ou volumineux ; ensuite sur les glandes engorgées si la maladie est fixée au genoux, on fera des frictions à force et des passes dans l'intention d'attirer les humeurs par les pieds ; on recommencera les frictions à grands courants, avec l'intention de purifier les humeurs en les clarifiant et en donnant du ton aux vaisseaux-lymphatiques ; on prescrira une nourriture saine, comme laitage, et l'on fera faire usage de l'eau électrisée ; lisez à la fin la manière de faire cette opération.

RACHITISME OU RAMOLISSEMENT DES OS. — Beaucoup d'enfants deviennent bossus, bancales, tortus, par un vice rachitique, ce vice est la cause que le phosphate calcaire qui constitue la solidité des os, n'est point absorbé ou n'est pas en assez grande quantité dans le sang artériel, pour remplacer celui qui est entraîné par la circulation veineuse, ce défaut d'absortion cause les maladies qu'on vient de décrire. Jusqu'à présent rien n'a encore mieux réussi que le mesmerisme, c'est surtout dans ces maladies que les pères et mères réussiront mieux que toute autre personne, pouvant réitérer les séances plus que les étrangers.

TRAITEMENT. — Il faut bien se recueillir en priant intérieurement, ainsi que le petit malade, s'il le peut, on commencera par des passes, puis par de fortes frictions, en les répétant souvent, il faut pétrir pour ainsi dire les os avec l'intention de les redresser, faites ensuite de grandes passes de la tête aux pieds, afin de

clarifier les fluides et l'intention de rappeler le phosphate calcaire : cette maladie est la sœur des humeurs
froides, et demande la même nourriture et les mêmes
soins, ainsi non-seulement de bons laitages, mais des
repas bien réglés, l'eau électrisée doit être la boisson
ordinaire, et un air pur. Si l'enfant est bossu, il ne faut
pas oublier beaucoup de passes derrière le dos, ainsi
que des frictions même à nu.

Il n'est pas de maladies plus difficile à décrire et
même à traiter, que celles qui dépendent d'affections
nerveuses, dont la multitude et les nuances sont à l'in-
fini, l'irritabilité peut être augmentée au plus haut
degré, comme dans les affections mentales ou diminuée,
et même supprimée comme dans les paralysies : c'est
encore dans toutes ces différentes nuances que le mes-
mérisme est le plus sûr moyen et le plus simple pour
les combattre, pour en triompher et les guérir. La
quantité de cures les plus promptes et les plus surpre-
nantes est incalculables, depuis la migraine jusqu'aux
paralysies : comment se fait-il qu'un traitement si sou-
verain, si prompt, si tempéré, reste ignoré d'autant de
personnes et soit dédaigné par ceux qui en ont déjà
vu de si grandes preuves. Quand donc l'humanité
fera-t-elle ouvrir les yeux aux plus incrédules, et con-
vertira-t-elle les hommes de mauvaise foi.

Je vais décrire les principaux traitements pour plusieurs de ces maladies, lesquels traitements pourront
servir pour tous, car c'est toujours aux nerfs qu'on
doit s'adresser, ce sont eux qui sont les vrais conduc-
teurs du fluide.

MAL CADUC. — Cette maladie terrible surprend souvent son malade au moment où il s'y attend le moins, il tombe de sa hauteur sans connaissance, et donne un spectacle bien triste aux yeux des personnes présentes.

TRAITEMENT. — Aussitôt que vous vous trouvez présent, il ne faut pas s'effrayer, et de suite lui administrer une pincée de sel dans la bouche, commencez de grandes passes à distance, il ne mettra jamais cinq minutes à reprendre ses sens, continuez les passes bien long-temps, au moins une demie-heure, faites des insufflations froides sur la tête, continuez vos séances chaque jour et à la même heure, et il guérira, mais il faut plusieurs mois de traitement.

HYSTÉRIE, ATTAQUE DE NERFS, SPASME, CONVULSIONS. — Même traitement que pour l'épilepsie, si l'on veut obtenir la guérison de ces différentes maladies, il faudra suivre un traitement régulier, en opérant tous les jours à grandes passes; la pincée de sel ne doit être administrée que lorsque les chûtes ont lieu, les personnes qui tombent du haut-mal doivent toujours avoir du sel dans leur poche, et sitôt qu'ils se sentent quelque chose, ils pourront se l'administrer eux-mêmes, ils éviteront les accès, mais il n'y a que le mesmerisme qui puisse guérir.

MAUX DE TÊTE, MIGRAINE. — Placez la main long temps sur la tête, faites des passes jusqu'aux pieds lentement, répétez-les dans l'intention de l'attirer jusqu'au bas au moins une demie-heure, répétez ces séances chaque jour et vous guérirez; il ne faut pas oublier les insufflations froides; dans toutes les maladies de

nerfs, lorsque les affections nerveuses proviennent de l'estomac ; appliquez vos mains sur cet organe, ensuite les passes à grands courants : évitez toute espèce d'études après le repas, car vous suspendez l'acte de la digestion, souper peu, ou pas du tout, ce sont ces fausses digestions qui causent tant de desordres.

PALPITATIONS. — Il faut tenir les mains sur le cœur bien long temps, en même temps faites la prière intérieurement, et faites des passes lentes, depuis les épaules jusqu'aux pieds, insufflations chaudes sur la région du cœur ; ne vous lassez pas de faire des séances, car cette maladie devient quelquefois bien grave.

CRAMPES. — Passes lentes, frictions sur les jambes avec fortes pressions, magnétiser du fer pour appliquer surtout la nuit à la plante des pieds, le mot magnétiser dérive du fluide de l'aimant que l'auteur a pratiqué, cette opération a pris le nom de son auteur.

RHUMATISME. — Placez vos mains sur la douleur, pressez avec vos doigts, faites des frictions de grandes passes et des insufflations, continuez les séances et vous guérirez.

FIÈVRES INTERMITTENTES. — Il ne faut pas confondre cette fièvre avec tant d'autres qui sont toutes simptomatiques, celle-là a des intermittences d'un jour, deux jours, trois jours ; il faut opérer autant que possible avant l'accès ; imposition des mains sur la tête, en étendant vos doigts sur le front, grandes passes lentes de la tête aux pieds, frictionnez les bras et les jambes pendant un quart-d'heure, répétez les passes, reposez-vous quelque moment pour recommencer ; la première séance doit durer au moins trois quarts-d'heure ; il est rare que la fièvre résiste apres trois séances, si elle est ancienne, il faudra continuer ces mêmes séances , quoiqu'on n'ait plus d'accès.

AFFECTION MENTALE, FOLIE. — Il faudra commencer par obtenir du malade son amitié en causant avec lui, être toujours de son avis, lui faire même quelques cadeaux qui puissent lui plaire, ensuite essayer quelques passes si vous pouvez vous rapprocher assez près et lui appliquer les mains sur la tête le plus long temps possible, vous pourrez espérer beaucoup, il faudra électriser l'eau qu'il boira, s'il n'est pas abordable , faites en face de lui de grandes passes avec l'énergique intention de le rendre à la raison, ayez beaucoup de patience et vous réussirez souvent, c'est le plus énergique des traitements, il doit diminuer les accès.

PARALYSIES.—Placez les mains sur la tête en vous recueillant, descendez-les lentement jusqu'aux pieds, après quelques passes, le long de la colonne vertébrale, revenez avec une seule main vers la nuque, et descendez vos passes sur le côté affecté, ensuite faites des frictions avec fortes pressions, renouvelez vos passes et recommencez vos frictions, celles à nu étant plus salutaires, vous les ferez s'il est possible, faites ensuite pour terminer des passes à distance, ayez beaucoup de patience et de persévérance, vous pouvez espérer une guérison, elle a déjà réussi par l'électricité, pourquoi ne réussirait-elle pas par le mesmerisme, il en doit être de même de toutes les maladies, il ne faut jamais désespérer d'employer un moyen si simple et si peu dispendieux.

OBSERVATION. — Il est essentiel et il ne faut pas

oublier après chaque séance de chasser le fluide qui reste imprégné sur le malade, en passant les mains tout le long du corps, sur ses vêtements, il faut agiter l'air en travers avec les deux mains, soufflez fortement à plusieurs reprises lorsque vous aurez terminé avec le malade, il en faudra faire autant sur vous, l'oubli de cette précaution a laissé plusieurs jours les mêmes douleurs que le malade ressent.

EAU ÉLECTRISÉE. — On prendra le vase contenant l'eau entre ses deux mains avec l'intention de lui donner les vertus nécessaires pour la guérison, on place les pouces sur l'entrée du vase, on descend les mains lentement en le serrant après plusieurs pressions, on souffle chaudement sur l'eau plusieurs fois, et on continue; cinq minutes suffisent; cette eau devient très agréable aux malades, qui lui trouvent un goût particulier, il faudra lui conseiller d'en faire toujours usage même dans ses repas et mêlé au vin : cette eau contribue beaucoup au succès dans toutes les maladies. Pour électriser un bain, on frotte les extrémités de la baignoire avec les doigts, une baguette ou une canne, les descendant dans l'eau dans laquelle on décrit une ligne dans la même direction; et répétant plusieurs fois! un peu de sel marin jeté dans l'eau en augmente la tonicité, les arbres jouent un grand rôle dans le traitement électrique, manière de les électriser d'après le célèbre Mesmer.

CHOIX DE L'ARBRE. — Il faut le choisir autant que possible jeune, vigoureux, branchu, peu de nœuds, à fibres droites, les plus denses, comme le chêne, l'orme, le charme, sont à préférer; ceux à odeurs désagréables, tel que le noyer ne conviennent pas. Votre choix fait, vous vous mettez à une certaine distance du côté du sud, vous établissez un côté droit et un côté gauche, qui forme les deux pôles avec le doigt, ou le fer, ou une canne; vous suivez depuis les feuilles les plus hautes, les ramifications et les branches, après avoir (avec grande intention de lui donner les vertus curatives), amené plusieurs de ces lignes à une branche principale; vous conduisez les courants au tronc jusqu'aux racines, vous recommencez jusqu'à ce que vous ayez électrisé tout ce côté, maintenant faites les mêmes opérations à droite comme à gauche, vous passez au côté du nord en répétant la même chose et toujours avec la même main, ensuite vous vous rapprochez de l'arbre, vous l'embrassez sur les quatre faces, vous attachez au tronc principal un peu haut des cordes de la grosseur du petit doigt : ces cordes doivent être assez longues pour pouvoir entourer la tête, et même le corps du malade, et qu'il puisse prendre les extrémités dans ses mains, si plusieurs arbres de la même espèce s'avoisinent, faites la même opération, et faites-les communiquer ensemble en les liant par quelques branches ou des cordes; l'arbre principal aura double vertu.

On placera sous l'arbre des siéges commodes touchant l'arbre, afin qu'un ou plusieurs malades puissent prendre séance, les malades déjà électrisés éprouveront les mêmes effets qu'avec leur électriseur; l'arbre pourra conserver sa vertu au moins un mois, beaucoup de cures ont été opérés par M. de Ségur, et autres électriseurs.

On peut électriser des fleurs, des arbres fruitiers, dont les fruits deviennent superbes; ce procédé vient d'être employé récemment, et a été publié comme conseil aux amateurs de fruits.

ÉLECTRICITÉ DES ANIMAUX. — L'électricité sur les animaux agit encore avec plus d'efficacité que sur l'homme; ce genre d'électricité pourra être bien utile aux fermiers, lorsqu'ils seront convaincus de la possibilité de traiter eux-mêmes leurs chevaux, bœufs, vaches et moutons; qui dans certaines épizooties causent des pertes tellement grandes, qu'elles sont la ruine des cultivateurs, cependant ne voit-on pas des individus s'annonçant pour traiter les bestiaux par des procédés qui ne sont autres que le mesmerisme déguisé et qui guérissent vraiment; il y a de ces hommes dans beaucoup de villages, la méthode de traitement est très simple, elle consiste à se mettre en rapport en touchant l'animal, soit à l'oreille ou à tout autre endroit pendant quelques instants; ce n'est pas inutile de faire une prière intérieurement pour obtenir la guérison; l'auteur a connu plusieurs de ces guérisseurs d'entorses, de coliques. Dire cinq *Pater* et cinq *Avé*, en faisant des applications des mains et des passes, depuis la tête jusqu'à la queue de l'animal, ainsi en suivant à peu près cette manière, vous toucherez le ventre en faisant des frictions et vous serez étonné de ses effets, mais il faut comme pour toutes les maladies une grande confiance et une ferme volonté; on électrisera toute l'eau qu'on lui fera boire, ayant le soin de souffler chaudement dans cette eau, et d'y lancer à grande force du fluide électrique, s'il y a épizootie, et qu'elle se soit imprégnée dans votre étable, dans votre écurie ou dans votre bergerie ; il faudra vous enfermer dedans, et en lançant votre fluide à grande force sur les animaux, vous le lancerez aussi dans l'intérieure et toujours en priant.

Dieu a donné à l'homme une force morale extraordinaire, pour non-seulement les guérir, mais encore pour les dompter, le lion, le tigre, le panthère, le léopard, la hyène, sont domptés, même dans l'état le plus sauvage, rien que par le grand acte de sa volonté et par la force de son électricité, fixez l'animal le plus féroce avec une forte volonté; il tremblera devant vous ; qui n'a pas vu et ne voit pas chaque jour les hommes qui font ce métier; entrer dans leur cage, les agacer, les irriter, et l'animal trembler et tout souffrir : on a vu des personnes lancer un regard vigoureux sur un cheval qui ne veut pas se laisser ferrer, et après quelques passes se laisser faire sans avoir besoin de le lier. Oui l'homme peut tout sur les animaux, il suffit qu'il ait une grande confiance en lui-même.

SOMNAMBULISME. — Il n'est pas possible dans un aussi petit ouvrage de traiter à fond le somnambulisme.

Dans les maladies graves, après quelques séances, et même à la première, le malade devient somnambule ; s'il se rencontrait un cas pareil, il faudra questionner bien sagement le malade, lui demander s'il voit sa maladie, en l'invitant de vous en faire le récit, lui demander ce qu'il en pense, si elle est guérissable, quels sont les moyens pour y parvenir, prendre note de ce qu'il vous ordonnera, mais s'il voit sa maladie incurable en prédissant lui-même sa mort, il faut bien se garder de lui en faire part; étant éveillé vous continuerez toujours quelques passes, et lorsque vous voudrez le réveiller, vous chasserez l'air avec les mains, et vous soufflerez sur lui plusieurs fois ; s'il vous dicte un traitement, vous pouvez le faire en toute sûreté ; s'il vous dictait des médicaments trop forts, vous l'inviteriez à bien réfléchir ; s'il persistait, vous pourrez avoir confiance à ce qu'il vous aura prescrit.

SOMNAMBULE NATUREL. — Il est des personnes naturellement somnambules, quoiqu'en très bonne santé, ces somnambules ne sont pas tous lucides, mais lorsqu'ils le sont on peut les consulter pour les maladies, ils peuvent rendre de grands services, ils sont faciles à endormir.